SYPHON
By GAS HEATER
燃气加热式虹吸萃取

越来越受瞩目的虹吸式咖啡

巧妙运用蒸汽吸引原理的"虹吸式（syphon、siphon）"咖啡萃取法据说是英国人于19世纪初发明的，另据相关记录显示，德国、法国也于同时期开发，唯确切发祥历史至今不明。20世纪初以虹吸式咖啡壶（vacuum coffee pot）名称取得美国专利。第一支日本产虹吸装置"KONO（科诺）咖啡 SYPHON"于1925年成功研发制造。

日本产虹吸装置直到欧洲发明虹吸装置百余年后才问世，不过，虹吸装置迅速普及并深入人们生活。

1970年广设于日本全国各地，采用"咖啡专门店"经营模式的咖啡店中，已经有不少店家选择用虹吸装置萃取咖啡，同时，虹吸装置也深入普通家庭，成为日本人非常熟悉的咖啡器具。

2003年，日本精品咖啡协会（SCAJ）主办的日本咖啡大师竞赛（JBC）中设置"虹吸式咖啡组"竞赛项目，这是日本首创。

本书中特别为您邀请到曾在该比赛中荣获虹吸式咖啡组冠军殊荣的两位大师，针对他们长期钻研的虹吸式咖啡冲煮技巧，或从日常工作的过程中累积的虹吸式咖啡处理诀窍，进行精辟的解说。

2009年首届世界杯虹吸式咖啡竞赛在日本举行。希望本书能成为未来的虹吸式咖啡师（Siphonist）或立志提升技术水准的咖啡调理师（Barista）的参考性书籍，期望咖啡店更为普及，全世界都能喝到最美味的虹吸式咖啡。

CONTENTS 目录

越来越受瞩目的虹吸式咖啡… 007

虹吸萃取原理… 010
　　虹吸装置的各部位名称… 012
　　虹吸装置的萃取结构… 020
　　何谓虹吸萃取技术… 022

虹吸萃取技巧（卤素灯加热器）吉良刚… 026
　　准备… 028
　　煮沸… 029
　　插入上壶… 030
　　第一次搅拌… 032
　　浸渍… 034
　　第二次搅拌… 036
　　Vacuum（吸引）… 038
　　萃取理论… 040
　　事后整理… 042
　　清洗… 042
　　过滤装置的维护保养… 043
　　虹吸装置的事前准备… 043

虹吸萃取原理（应用篇）
　　　　萃取2人份咖啡… 044
　　　　冰咖啡… 046
　　　　香料咖啡… 048
　　　　红茶… 050
　　　　虹吸式咖啡萃取装置的摆设方式… 052
　　　　虹吸式咖啡调理台的演出效果… 053

虹吸萃取技巧（燃气加热器）巌康孝… 054
　　萃取理论… 056
　　准备… 058
　　煮沸… 059
　　插入上壶… 060
　　开始萃取… 061
　　第一次搅拌… 062
　　浸渍… 065
　　第二次搅拌… 066
　　Vacuum（吸引）… 068
　　将咖啡液注入杯中… 070
　　清洗… 070
　　道具… 071

虹吸萃取原理（应用篇）
　　　　冰咖啡… 072
　　　　咖啡欧蕾… 074
　　　　使用小型虹吸萃取装置… 076
　　　　虹吸式和意式浓缩咖啡萃取实况… 078

虹吸式咖啡大师对谈实录　巌康孝 × 吉良刚… 080

简况　作者介绍… 102

MECHANISM OF THE SYPHON
虹吸萃取原理

虹吸装置的各部位名称
虹吸装置的萃取结构
何谓虹吸萃取技术

011

虹吸装置的各部位名称

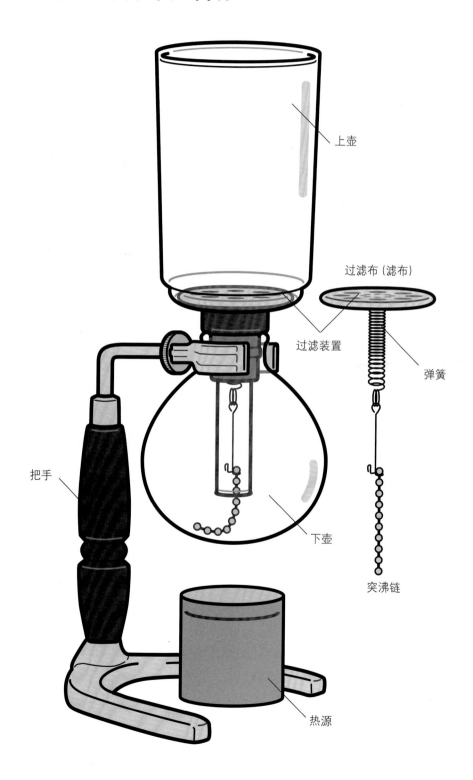

FRASCO
下壶

用壶座的夹取部位夹住颈部，用于盛装热水的球状部位就是下壶。通常握住壶座的把手部位注入热水。同时握住3个壶座的把手部位，将热水分别注入下壶中，看起来极具专业水准（图片A）。

使用2人份虹吸装置时，下壶容量为320mL。半壶容量为160mL，相当于冲煮1杯热咖啡的热水量。（提供分量为150mL）。

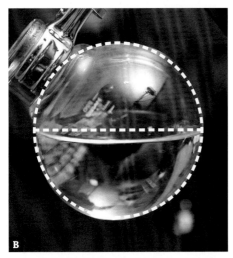

下壶表面有刻度标示，标明了冲煮1杯咖啡的热水量，不过，如果了解半壶容量相当于1杯的分量，不需要盯着刻度也能轻松注入热水。将下壶视为圆形，注入热水至半圆处时，即表示壶里已装有160mL的热水（图片B）。3个下壶分别注入160mL热水时也可采用此要领。

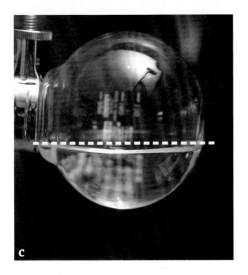

下壶横向水平摆放，热水不会溢出壶口，即表示壶里装有110mL的热水（图片C）。110mL为萃取冰咖啡的热水量。

了解以上诀窍后，注入热水时就不必紧盯着刻度或费心计量，这就是可以迅速完成冲煮流程的专业级处理诀窍。

HEATER
热源

可用于煮沸下壶内热水的热源为燃气、电能（卤素灯加热器）和酒精灯。

燃气炉火只局部加热下壶底部，而卤素灯加热器会全面加热下壶。使用卤素灯加热器的虹吸装置又称"光炉虹吸装置"，卤素灯由下向上照射会营造出绝妙的灯光效果。

酒精灯的火苗柔和微弱，缺点是易受冷气等出风的影响。

下壶内热水尚未煮沸就插入上壶，可能会出现热水温度不够高就进入上壶的情况。上壶过度加热时容易因内部空气温度不易下降而出现无法吸起咖啡萃取液的情形。

因此，先利用强火促使下壶内的热水吸入上壶，再转成中火，最后关成小火，依此顺序调节火力是虹吸萃取过程中至关重要的技巧。

虹吸萃取原理

BUMPING CHANE
突沸链

安装在弹簧端部，将过滤装置钩在上壶的下方开口处的一小串珠链就是突沸链。下壶里垂挂一条突沸链，水沸腾时更容易产生气泡，比较方便用目测方式确认沸腾的情形。

使用全面加热上壶的卤素灯加热器时，更需要安装突沸链，否则很难辨别沸腾的情形，且易因壶内热水突然沸腾喷溅而造成危险，可见突沸链有多么重要。

壶内热水沸腾后，突沸链旁边冒出 3 条水泡时就是最佳沸腾状态，水泡条数多于 3 条即表示热水过度沸腾。使用卤素灯加热器时，即使降低火力，加热器表面依然很烫，还是会继续加热下壶，因此建议移开加热器上方的壶座，让下壶降温。

突沸链

FILTER

过滤装置

　　过滤器套上薄法兰绒材质的滤布即构成过滤装置。不论虹吸装置大小，都使用相同尺寸的过滤装置。

　　滤布材质因品牌不同而有差异，套滤布时起毛面朝向里侧，如果套上滤布后起毛面朝外，过滤装置容易阻塞。

　　滤布要绑紧。热水因强大压力而从下壶吸入上壶，必须绑紧以防滤布松脱。

　　现在的滤布上浆情形没有过去那么严重，放入热水中烫煮一下即可使用。若滤布有明显的上浆情形，可以先放入咖啡槽中萃取1次，再利用热水煮掉浆料。

　　过滤装置一旦打开就容易干掉，不用时建议浸泡在干净的水中（图片A）。

　　萃取普通调和咖啡（blend coffee）时约可使用50次，过滤装置因阻塞而变黑时就必须更换滤布。萃取冰咖啡等焙煎程度较深的咖啡时必须及时更换滤布。

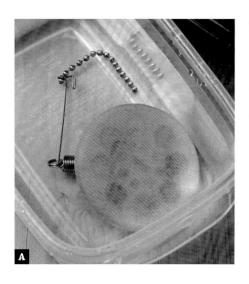

先将过滤装置放入上壶底部，再将弹簧端部的挂钩扣在上壶底下的开口处，然后用竹制搅拌棒调整位置，将过滤装置拨到上壶底部的正中央。

起毛面朝内，将滤布套在过滤器上，打3次结后绑紧，剪掉多余线绳，然后用手将束紧的开口处调整到过滤器的正中央。

BAMBOO STIRRER

竹制搅拌棒

"搅拌"是下壶内的热水不断吸入上壶时促使咖啡粉浸泡到热水的必要程序,而搅拌时不可或缺的工具为竹制搅拌棒。

没有竹制搅拌棒也没关系,使用木制品、耐热塑胶制品都可以,不过,竹制搅拌器质地轻盈,便于削切加工。

专业咖啡师不会直接使用现成的竹制搅拌棒,通常会针对柄部粗细及搅拌部位的长、宽、厚等量身订做。图片A的最上面一支搅拌棒为吉良刚先生专属,图片B左侧的竹制搅拌棒为巖康孝先生专属,两者都是用现成的竹制搅拌棒削切、加工而成。

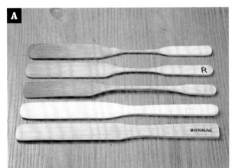

上图中最上面一支搅拌棒为吉良刚先生爱用的竹制搅拌棒,最下面一支为新品状态。决定搅拌部位时充分考量大小,萃取2人份时也可以使用。据说店里的咖啡师们也都针对柄部粗细或长短,为自己量身打造搅拌棒。

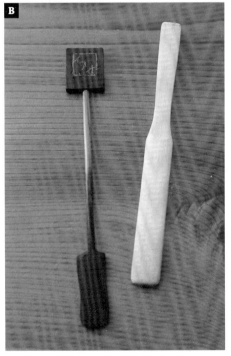

上图左侧就是巖康孝先生爱用的竹制搅拌棒。

右侧为竹制搅拌棒削切前的状态。削切后,柄部尾端加上方形小木片以平衡重心。

UPPER BOWL
上壶（漏斗状）

将上壶底部的管状部位插入下壶中，管状部位的长度因1人份和3人份而不同，插入下壶的橡胶管粗细度也因品牌而略微不同，壶身的容量或形状则会因品牌而不太一样。上壶中必须装入过滤装置后使用，且确认过滤装置是否位于上壶底部的正中央，因为即使略微偏位都可能影响咖啡的味道。利用竹制搅拌棒可调整偏位情形。

将上壶插入下壶的时机也非常重要。下壶内部空气因下壶内热水沸腾而膨胀，促使热水吸入上壶中。下壶内热水达70℃左右就会进入上壶中。热水进入上壶后，持续加热约1分钟就会煮沸上壶中的水，因此，以较少的水量萃取冰咖啡时必须格外注意，最好目不转睛地盯着虹吸装置。

另一个要点为：萃取前先用热水冲淋上壶，可以避免从下壶升上来的热水出现降温情形。

虹吸萃取原理

SYPHON TABLE
虹吸式咖啡调理台

并排着热源,视觉效果绝佳的虹吸式咖啡调理台,图片 A 为使用卤素灯加热器,图片 B 为使用燃气炉的虹吸式咖啡调理台。

虹吸式咖啡调理台该设置在吧台上的哪个位置呢?如何让虹吸式咖啡调理台面对客席进行最完美的演出呢?如何使虹吸式咖啡调理台成为店中绚丽的一角呢?每个环节都与咖啡店经营理念息息相关。

擅长虹吸式咖啡调理工作的专家们一踏入咖啡店,首先注意的就是"虹吸式咖啡调理台",该区域整齐、干净的程度可以推测出该咖啡店的技术水准。

虹吸装置的萃取结构

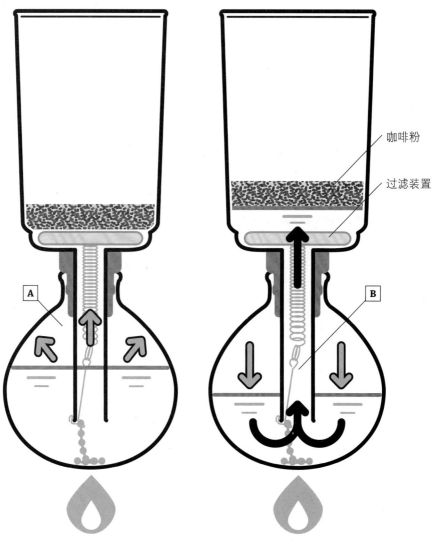

咖啡粉
过滤装置

A 下壶内热水经过加热，壶内空气膨胀，水沸腾后产生水蒸气，压力继续上升。

B 下壶内部空气压力上升，自然地形成一股促使热水沿着上壶底部管状部位上升的力道。热水上升后接触到预先装入上壶的咖啡粉。

虹吸萃取原理

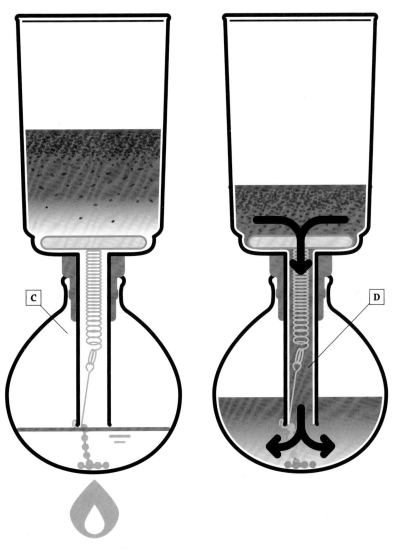

C 下壶持续加热，大部分热水因下壶内压力而向上壶方向移动。加热过程中一直处于该状态，咖啡粉就是在这个时候浸泡到热水。

D 停止加热后，下壶内部的空气温度下降，内部压力也随之下降，上壶中的咖啡液自然地被吸回下壶。上、下壶之间安装过滤装置，咖啡液流经时滤掉咖啡渣，剩下的咖啡液进入下壶中，完成整个萃取过程。

何谓虹吸萃取技术

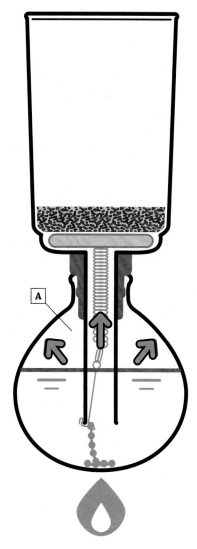

重点在于插入上壶的时机

下壶里注入足够萃取1人份咖啡液的热水。细微的热水量差异都可能影响咖啡的味道。使用量杯可以轻松测出适当水量,不过,练就可通过目测方式正确测量水量的本事才够专业,才能独当一面,操作起来也更迅速。

在壶底加热,下壶内部空气膨胀后热水自动上升吸入上壶中。千万别认为"这个阶段不需要技术"!

空气膨胀后热水就会吸入上壶中,并非沸腾后才进入。事实上,下壶中热水加热至65℃左右就会开始进入上壶中,换句话说,下壶内热水沸腾后才插入上壶,即可在最适当的温度下促使热水吸入上壶中。

继续加热下壶即可煮沸壶内热水。不过,继续加热下壶还会出现其他问题,下壶过度加热时,熄火后下壶内的温度就不容易降下来,这样上壶中的咖啡液下降速度就会受到影响,咖啡粉浸泡热水的时间就会延长。

专业技术才能保持最稳定的萃取水平,时而成功、时而失败并不能算是技术。将上壶插入下壶的程序看起来很简单,事实上,插入时对于下壶内部的热水温度、整个下壶的加热状态及插入时机都必须掌握精准。

A 下壶内热水经过加热,壶内空气膨胀,水沸腾后产生水蒸气,压力继续上升。

虹吸萃取原理

最重要是第一次搅拌必须很顺畅

下壶加热后内部压力上升而将热水往上壶方向推升。

热水上升后接触到上壶中的咖啡粉，热水接触咖啡粉后，下面的热水会将咖啡粉往上推，若不加搅拌，会有一部分咖啡粉接触不到热水，因此，"第一次搅拌"为虹吸萃取过程中的必要步骤。

搅拌力道的大小会影响咖啡的味道，因此，第一次搅拌的主要目的并不是要用力搅拌到足以形成对流以萃取出咖啡的味道，而是让咖啡粉同时溶入热水中，其中的关键技巧在于"下面的热水上升至哪个阶段时开始搅拌呢？"等时间上的拿捏，热水量太少时不易搅拌，热水量越大越容易搅拌，但可能会因咖啡粉接触到热水的时间长短不同而出现萃取不均的现象。

看准时机，避免太用力，尽量在短时间内将咖啡粉搅拌均匀，让咖啡粉在上壶中静静地度过"浸渍"阶段，这就是第一次搅拌的主要任务。

为了更顺畅地完成搅拌，专业咖啡师们对于竹制搅拌棒的形状与柄部粗细度都非常讲究。制作竹制搅拌棒也是专业咖啡师们的看家本领之一。

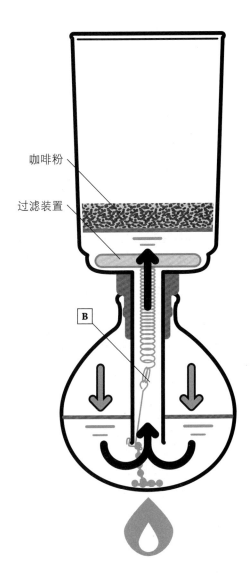

咖啡粉

过滤装置

B 下壶内部空气压力上升，自然地形成一股促使热水沿着上壶底部管状部位上升的力道。热水上升后接触到预先装入上壶的咖啡粉。

顺利达成每次都稳定浸渍的目标

热水从下壶吸入上壶后,必须继续加热才能维持该状态。

下壶中的热水沸腾后吸入上壶时会立即降温10℃左右,温度再次回升约需60秒,上壶中的热水将再次沸腾。而且,咖啡粉溶入热水后会使得沸点上升,因此水温可能高达107℃。

意即:若下壶内热水上升后立即进行第一次搅拌,咖啡粉是溶入90℃的热水中,然后在短短的60秒钟后水温上升17℃,致使咖啡粉立即处在高温"煮沸"的状态下。

为避免上述情形发生,可以先开强火促使热水吸入上壶,完成第一次搅拌后转成中火,再用小火浸泡咖啡粉。顺畅地完成上述步骤即可让"浸渍"萃取法在最稳定的状态中完成。

虹吸式咖啡的味道可能因浸渍时间差3~5秒而大不相同,因此必须准确地测量浸渍时间,并于熄火后完成第二次搅拌。使用卤素灯加热器时,卤素灯表面的余热非常高,切断电源后依然处于高温状态,因此需移开壶座,取下卤素灯上方的下壶。

第二次搅拌作业也必须迅速、顺畅地完成。该次搅拌任务为排除浸渍过程中滞留于咖啡粉内的气体。搅拌、释放气体后,上层的泡沫变成乳白色,原本为泡沫、咖啡粉和咖啡液的三层结构变成两层,咖啡液开始降入下壶。

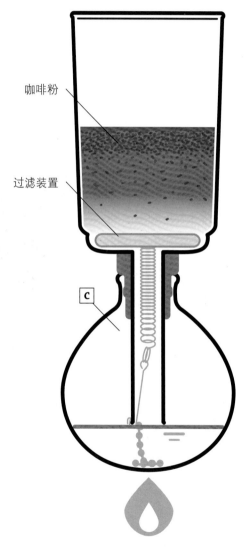

咖啡粉

过滤装置

c 下壶持续加热,大部分热水因下壶内压力而向上壶方向移动。加热过程中一直处于该状态,咖啡粉就是在这个时候浸泡到热水。

虹吸萃取原理

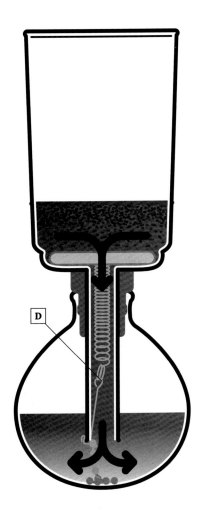

适合咖啡的萃取技术

熄火后不能束手等待咖啡液自然下降吸入下壶，因为下壶过热时会延缓咖啡液下降的速度。

完成萃取流程后可通过萃取装置上方的咖啡槽形状确认萃取情形。

专业咖啡师各有调制咖啡的标准（混合、焙煎、分量、粗细）以及冲煮1人份虹吸式咖啡的用水量、浸渍时间。初次萃取的人不妨参考该标准，萃取后试喝，然后调整研磨粗细度和浸渍时间，找出最适合该种咖啡的萃取方法。

只有虹吸萃取方式才能因应这么多种类的咖啡豆和焙煎程度，而专业咖啡师必须具备充分运用上述虹吸萃取特征的技术。

确定研磨粗细度和浸渍时间后，即可用虹吸萃取方式按人数萃取咖啡。因此，相较于滤布、滤纸滴漏方式，因萃取杯数不同而出现咖啡味道不同的情形比较少见。

萃取后应立即将装置处理干净，及时做好下次萃取的准备工作也是咖啡师应有的专业素养。

D 停止加热后，下壶内部的空气温度下降，内部压力也随之下降，上壶中的咖啡液自然地被吸回下壶。上、下壶之间安装过滤装置，咖啡液流经时滤掉咖啡粉，剩下的咖啡液进入下壶中，完成整个萃取的流程。

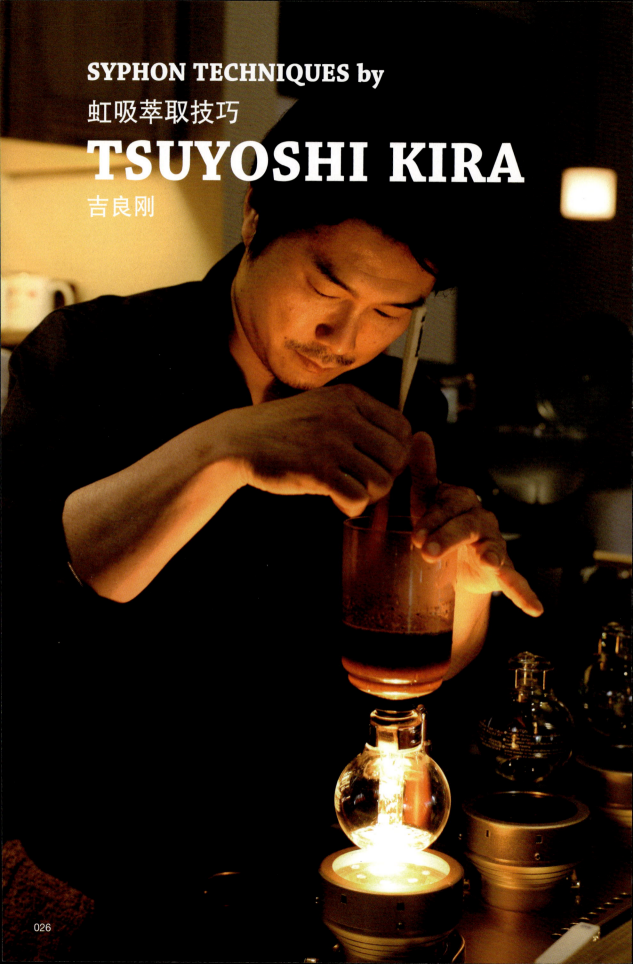

HAROGEN SPOT HEATER
卤素灯加热器

准备

下壶表面附着水滴时加热容易破裂，因此加热前要用干毛巾擦干水分。

清洗上壶，摆好过滤装置后插在架子上以备萃取时使用。若直接使用，热水上升吸入上壶后就会大幅降温，因此使用前用热水冲淋过滤装置和上壶的下方部位，使其温热。若将上壶整体冲淋热水，容易烫伤，因此建议只温热下方部位。

虹吸萃取技巧（卤素灯加热器）

煮沸

将咖啡粉倒入预先温热的上壶中，倒入时尽量避免咖啡粉附着在上壶内侧。将热水注入下壶中。使用卤素灯加热器，开强火。直到下壶内热水煮沸为止，上壶都是虚插在下壶上。

UN混合系以巴西和哥伦比亚咖啡为主，属于坦桑尼亚和衣索匹亚·耶加雪夫特调咖啡。焙煎程度为中深焙煎，1人份15g，用Ditting（帝挺）磨豆机研磨成5号粗细度。

萃取1人份的热水量为160mL，咖啡粉会吸收7%~8%的热水，因此实际萃取量为150mL。下壶的夹取部位以下容量为320mL，一半为160mL。将下壶视为球状，注入热水后，将壶倾斜，水面上升至衔接夹取部位的曲线下方时，即可通过目测方式，准确地测量出160mL的热水量。

插入上壶

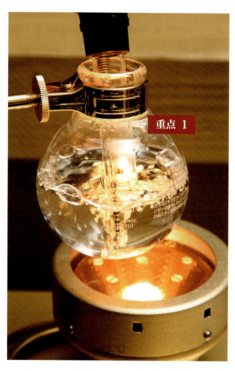

重点 1

直到下壶内热水沸腾为止，上壶都是斜插在下壶上。使用卤素灯加热器时，加热后光线会笼罩着整个下壶，看不清楚沸腾状况，放入突沸链有助于了解沸腾状况。

重点 2

下壶内热水煮沸后才实际插入上壶。在此阶段，必须以最恰当且最稳定的热水上升速度完成萃取。热水吸入上壶，温度下降约10℃后再次回升。沸腾现象增强时，上壶内再次升温的速度也会随之加快。

虹吸萃取技巧（卤素灯加热器）

重点 1

　　下壶内热水并非沸腾后才吸入上壶哦！若沸腾前插入上壶，下壶内的热水将因内部空气膨胀而于沸腾前就开始吸入上壶中。热水加热至65℃左右就会开始上升，因此，估量热水吸入上壶的速度，看准沸腾状态出现的时机，适时地插入上壶至关重要。

重点 2

　　突沸链四周接连出现3列迅速往上冒的大水泡就是插入上壶的好时机，以此为参考标准。冒泡情形超过此标准即表示过度沸腾，建议暂时移开热源上方的壶座，等温度下降，再次冒出3列水泡时再插入上壶。

第一次搅拌

实际插入上壶后立即拿起竹制搅拌棒,以最顺手的姿势迅速完成第一次搅拌。下壶内热水开始吸入上壶后,将火力稍微调弱一点。

从热水开始上升至完全吸入上壶为止,完成第一次搅拌。热水不会完全吸入上壶中,无法上升的部分会留在下壶里,因此必须掌握停止吸入的时机。插入上壶后立即将热水往上吸,因此在停止吸入前,心中默数1、2、3,在三秒钟内迅速完成第一次搅拌。

虹吸萃取技巧（卤素灯加热器）

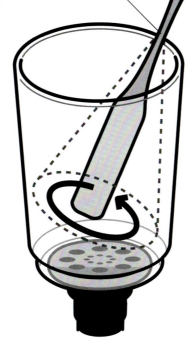

以手持部位为支点，执搅拌棒画椭圆形

重点 3

以搅拌棒为轴，用拇指、食指、中指3根手指拿着竹制搅拌棒，手腕固定，以手持部位为支点，用竹制搅拌棒画椭圆形。以逆时针方向搅拌，利用搅拌棒端部的平面部位，将浮在水面上的咖啡粉搅拌入水中。搅拌时应避免形成漩涡，并迅速完成。

练习搅拌

利用竹制搅拌棒的平面部位，将浮在水面上的咖啡粉搅拌入水中。以逆时针方向搅拌。搅拌时，竹制搅拌棒端部插入水中2~3cm。若搅拌棒完全插入壶底，搅拌后从水面上看，咖啡粉已溶入水中，事实上很容易因浮在水面上的咖啡粉未充分搅拌而出现浸渍不均的情形。

浸渍

重点 4

　　第一次搅拌地顺利,可以从上壶侧面清楚地看到泡沫、咖啡粉、咖啡液形成的三层结构。完成第一次搅拌后维持原有火力,估量浸渍时间。冲煮图片中的特调咖啡和粗细度(参考 P.29)时,将浸渍时间设定为 15 秒。

虹吸萃取技巧（卤素灯加热器）

重点 4

若过度搅拌，易因气体过度释放而形成咖啡粉和咖啡液的双层结构。由上而下出现泛白的泡沫、咖啡粉、咖啡液形成的三层结构即表示第一次搅拌处得很成功。

—— 泡沫
—— 咖啡粉
—— 咖啡液

第一次搅拌的目的

搅拌是萃取虹吸式咖啡的必要步骤，第一次搅拌的主要目的并不是要引出咖啡味道，"浸渍"才是引出味道的主要过程。

采用虹吸萃取方式时，热水是从咖啡粉底下升上来，若不经过搅拌，咖啡粉很难溶入热水中。搅拌的要点为避免对咖啡粉造成太大压力，极力在最短的时间内搅拌均匀。

第二次搅拌

利用计时器准确地测量浸渍时间,时间到了后立即进行第二次搅拌。搅拌前先熄火,并移开壶座。竹制搅拌棒用法同第一次搅拌。

第二次搅拌的主要目的是为了释放气体以萃取咖啡液。上方的泡沫层迅速地转变成乳白色时立刻停止搅拌,以此为大致标准。另一个要点为咖啡液开始下降吸回下壶前完成第二次搅拌。

虹吸萃取技巧（卤素灯加热器）

重点 5

第二次搅拌前要将竹制搅拌棒放入水中涮洗一下。第一次搅拌后，搅拌棒上难免附着些许咖啡粉，直接用于第二次搅拌会影响咖啡的味道。

第二次搅拌的目的

通过第一次搅拌将咖啡粉溶入热水中，浸渍后开始萃取咖啡。咖啡经过过滤装置滤出咖啡渣，咖啡液在吸回下壶前会产生气体，第二次搅拌的主要目的就是为了释放浸渍过程中产生的气体，让过滤程序更顺利地进行。

如同第一次搅拌，第二次搅拌也不是为了引出咖啡味道。

重点 6

熄火后才进行第二次搅拌。使用卤素灯加热器时，即使切断电源，灯具表面的余热依然很高，因此要同时移开壶座。

Vacuum（吸引）

下壶内温度下降，壶内形成一股吸回咖啡液的气压。下壶加热后就很难降温，如果温度迟迟不下降，上壶内咖啡粉浸渍热水的时间就会增长。因此，咖啡液开始下降的时间必须一致！

咖啡液开始下降吸回下壶的速度也很重要！最后，空气也经由上壶底下的管子吸回下壶，下壶中出现泡沫。表面上看起来是咖啡液自然地流入下壶，实际情形是壶内产生吸引力将咖啡液吸回下壶中。

重点 7

第二次搅拌处理得宜，壶内就会出现白色泡沫和咖啡液形成的双层结构，且一直维持到最后一刻，即证明壶内产生了绝佳吸引力。

虹吸萃取技巧（卤素灯加热器）

重点 8

下壶内泡沫静止下来即表示萃取完成，可作为参考标准，留在过滤装置上的咖啡粉会堆积成小山丘的形状。

重点 8

咖啡液吸入下壶的过程中，如果还在搅拌，咖啡粉就不会堆积成小山丘状。其次，第二次搅拌不充分，气体未完全释放也不会形成。此外，咖啡粉太细也不会堆积成小山丘状。

虹吸式咖啡的最大特征为味道非常纯净。如果太用力搅拌，容易萃取出混浊的咖啡液，或有沙粒的感觉。因此要在最后萃取阶段检查一下咖啡液，确认是否需要调整浸渍时间或研磨粗细度。

不适当就会萃取出杂味。萃取过程中易产生杂味的因素非常多,采用虹吸式萃取方法的诀窍是留意各种因素,采用最适当的方法。

最重要的因素为萃取温度和萃取时间。

浸渍咖啡粉的热水温度随着上壶插入下壶的时机而改变。把水注入下壶后就插入上壶,再点火加热,当水温只有60℃左右时就会吸入上壶。以温度不够高的热水浸渍咖啡粉易萃取出混浊、苦涩的咖啡液。

最好等下壶内热水煮沸后才实际插入上壶,不过,长时间煮沸后再插入上壶,并以相同的火力继续加热,上壶内热水的温度会提早上升。

下壶内的热水吸入上壶后通常会降温约10℃,大约下降至90℃左右,不过,即使转成弱火,约1分钟后,上壶内的热水还是会煮沸。若维持强火状态,30秒左右就会煮沸。用温度太高的热水浸渍咖啡粉,易萃取出索然无味的咖啡液。

调整火力即可使上壶内的热水温度维持在93~96℃,促使咖啡特有可溶性固形物溶解于热水中,因此是非常重要的技巧。

具体而言,希望下壶内热水吸入上壶时必须开强火。热水吸入上壶后,将火力调弱一点,进行第一次搅拌,之后的浸泡过程中再调为小火。

萃取时间即浸渍时间,指第一次搅拌至第二次搅拌之间的时间。萃取时间越长,热水中含咖啡特有可溶性固形物的成分越高。如前所述,即使转成弱火,下壶继续维持在过热状态下,约1分钟上壶内的热水就会沸腾。因此,虹吸式咖啡的萃取时间应设定为60秒以内。

浅焙煎咖啡豆采用中研磨~粗研磨,将萃取时间设定为30~45秒,更容易冲煮出浅焙煎特有的酸甜味适中的美味咖啡。

深焙煎咖啡豆采用细研磨~中研磨,将萃取时间设定为15~30秒,有助于萃取出深焙煎特有的甘苦味道和浓醇口感。

其中,冲煮虹吸式咖啡过程中的"第二次搅拌"与杂味关系最为密切。虹吸萃取过程中的搅拌和烹调佳肴、调制鸡尾酒过程中的搅拌用意大不相同,萃取时必须了解这一点。虹吸萃取过程中的搅拌是为了将咖啡粉溶入热水中,并非为了引出咖啡味道,因此,应尽量避免对咖啡粉造成太大压力,最好在短时间内完成搅拌过程,采用柔和的搅拌方式。

掌握以上要点除可充分展示虹吸式咖啡的魅力外,还可广泛用于处理各种咖啡或焙煎程度的咖啡豆。

事后整理

完成萃取流程后把上壶取下。手握壶座的把手部位，拇指往斜上方轻轻一推即可取下。手抓上壶用力拔出，易导致上壶破裂，非常危险，绝对不能这么做。

清洗

店里清洗时并未取出壶底的过滤装置，而是将园艺专用洒水软管套在水龙头上，形成细细的水流，利用水压强度将过滤装置的表面和周围的咖啡槽冲洗干净。过滤装置当然可以拆下来冲洗，但是该部位的弹簧易因频繁拆装而失去弹性，因而想出不拆装直接洗净的好主意。

虹吸萃取技巧（卤素灯加热器）

过滤装置的维护保养

咖啡店打烊后会将过滤装置煮沸 5~10 分钟，然后放在装有清水的密封容器中，放入冰箱。这是为了避免过滤装置干掉。使用 50~70 次后更换新的滤布。

虹吸装置的事前准备

上、下壶都一样，表面一旦损伤就很容易破裂，因此建议用质地柔软的海绵清洗干净。洗好后，上壶要用柔软的布将水分擦干净，下壶装水后整齐地排成一列，装水可避免灰尘进入壶中。夹住下壶的壶座夹取部位易藏污纳垢，必须定期清洗干净。

虹吸萃取原理（应用篇）
萃取2人份咖啡

将2人份咖啡粉（25g）倒入上壶中，咖啡粉易附着在上壶内壁，因此必须很小心。虹吸式咖啡师吉良先生都是用直径6cm的不锈钢杯将咖啡粉倒入上壶中，因为是不锈钢材质，咖啡粉不会产生静电而附着在壶壁上。与冲煮1人份咖啡时一样，下壶中装160mL的热水。

下壶内的热水煮沸后插入上壶，热水上升后，先将火力调弱一点，再完成第一次搅拌，搅拌方法与萃取1人份时一样。

虹吸萃取技巧（卤素灯加热器）

3

重点

补充的热水量因咖啡粉量、研磨粗细度而不同。即使冲煮同一种咖啡，泡沫的出现方式还是会因为焙煎时间的长短而不同，因此无法定出统一的标准，只能以"冲煮这种咖啡时，补充热水至气体下方的这条线上升到这里为止"为确认时的大致标准。事先估量咖啡粉的吸水量，补充热水至略少于一整壶（320mL），但足以萃取2人份（300mL）咖啡液，即表示已达到相当专业的水准。

第一次搅拌后立即补充热水（95℃）。建议使用便于控制热水温度的水壶，通过细细的壶嘴注入，避免破坏泡沫、咖啡粉和液体层，让层状结构整体上升。浸渍时间与萃取1人份时一样，大约15秒，补充热水时必须于时间内完成。

4

5

设定浸泡时间，时间到了后熄火，让下壶离开热源，进行第二次搅拌。热水量多于萃取1人份时，搅拌方法则相同。充分考量竹制搅拌棒端部面积，削出萃取2人份时也能使用的搅拌棒。

萃取流程处理得宜，过滤装置上的咖啡粉会堆积成小山丘状，与萃取1人份时一样。取走上壶后咖啡液也不会溢出，刚好萃取出2人份咖啡液。

虹吸萃取原理（应用篇）
冰咖啡

虹吸式咖啡师吉良先生坚信，用虹吸装置萃取的冰咖啡，绝对比其他方式萃取的更美味。冰咖啡特有的苦味会消失，而且能品尝出回甘的好滋味。另一个特征为香气怡人。

1

用巴西、坦桑尼亚和曼特宁调配的特调咖啡冲煮冰咖啡。采用深焙煎（full city）咖啡豆，焙煎后一星期，表面泛着油光，充满焙煎豆特征后使用。冲煮1人份时使用20g，研磨粗细度介于细研磨和极细研磨之间，热水量为110mL。煮沸后插入上壶，热水吸入上壶后将火力调弱一点，完成第一次搅拌，搅拌方法同萃取调和咖啡。

2

浸渍时间为50秒，浸渍时间较长，温度维持在93℃左右。即使转为弱火，热水温度还有可能上升至近似沸腾，因此，发现热水温度太高时，要将热源上方的壶座移开，调节至适当的温度。

虹吸萃取技巧（卤素灯加热器）

浸渍时间到了后熄火，移开热源上方的壶座后完成第二次搅拌。释放气体后，咖啡粉和液体形成双层结构时停止搅拌，静静地等待咖啡液吸回下壶中。咖啡粉会吸走12%~13%的水分，因此萃取出90mL的咖啡液。

玻璃杯装入9颗方形小冰块（每块重20g），再将咖啡液注入杯中，急速冷却后即完成一杯充满香浓味道、清新口感的虹吸式咖啡特色的冰咖啡。

冰镇熟成要点

冰咖啡冷藏后香气减弱，不过喝起来却更顺口。冰咖啡欧蕾冰镇后风味更是好得没话说。

建议用90g冰块冰镇1杯冰咖啡。

容量为1800mL的容器装入810g冰块后，倒入810mL的咖啡萃取液，然后放入冰箱冷藏备用，客人点单后再注入装有冰块的玻璃杯中端上桌。

虹吸萃取原理（应用篇）
香料咖啡

散发肉桂独特香气的咖啡。虹吸式咖啡口感特别清爽，非常适合添加香料，其中与炼乳最对味。但是添加后味道容易转移到过滤装置、上壶、下壶和竹制搅拌棒上，因此建议另外准备一套香料咖啡专用虹吸萃取工具。

1 冲煮1人份时需准备15g咖啡粉，选用焙煎程度较深的产品。将1g肉桂粉和咖啡粉一起倒入上壶中。

2 热水用量同萃取调和咖啡，1人份为160mL。突沸链周边出现3条接连不断的水泡时是插入上壶的绝佳时机。

虹吸萃取技巧（卤素灯加热器）

　　热水吸入上壶后，将火力调弱一点，完成第一次搅拌。搅拌方法同萃取调和咖啡，萃取过程也一样。

　　浸渍时间设定为15秒，浸渍时间到了后熄火，将热源上方的壶座移开，完成第二次搅拌。静待咖啡液吸入下壶中。肉桂味道无法通过清洗而完全消除，因此，包括上壶、下壶、过滤装置、竹制搅拌棒等，建议另外准备一套香料咖啡专用虹吸萃取工具。

红茶

采用浸渍法的虹吸萃取方式,也适用于红茶,而且萃取出来的茶汤更纯净,但是红茶味道容易转移到工具上,因此建议另外准备一套专用工具。

将冲煮 1 人份红茶的茶叶(3g)倒入上壶中,使用加味茶(Flavored Tea)等香气较重的红茶时,建议另外准备一套虹吸萃取工具。

萃取 1 人份的热水量为 160mL,下壶内热水沸腾后插入上壶,过程如同萃取咖啡。

虹吸萃取技巧（卤素灯加热器）

热水吸入上壶后，将火力调弱一点，完成第一次搅拌。萃取红茶时，除了将茶叶溶入热水外，还要将叶片搅拌开。

浸渍时间设定为60~90秒，因红茶的茶叶种类或形状而不同。转成弱火后，上壶内的热水依然会煮沸，因此要小心。萃取红茶时，热水可加温至即将沸腾，不过，煮沸上壶内热水非常危险，应尽量避免。

浸渍时间到了后熄火，移开热源上方的壶座并进行第二次搅拌，搅拌方法与冲煮咖啡时一样。

相较于萃取咖啡时，红茶的浸渍时间比较长，因此下壶一直处于高温状态，而且需要较长时间茶汤才会吸回下壶中，优点是可慢工出细活地萃取出更纯净的味道。

虹吸式咖啡萃取装置的摆设方式
（以惯用右手的人为例）

　　萃取咖啡时必须站在虹吸式咖啡调理台前完成。以调理台为中心，工作效率因左、右两侧的器具配置情形而大不相同。以惯用右手的人为例，面向调理台，将煮沸壶设置在右侧，提起煮沸壶将热水注入下壶时操作起来更方便，左侧建议设置咖啡豆储存柜（stocker），根据客人点用的次数排列，摆放在伸手就能拿到的位置。储存柜旁摆放研磨机以方便研磨咖啡豆。只需稍微转身，伸手就能拿到热水或咖啡豆，这就是操作效率绝佳的虹吸式咖啡萃取装置的摆设方式。

研磨机　咖啡豆

虹吸式咖啡师的站立位置　虹吸式咖啡调理台　竹制搅拌棒洗净杯　煮沸壶

虹吸萃取技巧（卤素灯加热器）

虹吸式咖啡调理台的演出效果

将虹吸式咖啡调理台设置在吧台区席位上的客人最容易看到的位置。下壶加热过程中极少出现突沸现象，不过，位置太靠近吧台区席位时，调理台和客人之间最好用玻璃隔开。随时留意客人的视线，搅拌时左手靠在上壶旁边或微微动着手指，以最专业的动作面对客人。

同时提供3杯不同类型咖啡的萃取情况

三人同行的客人分别点用strong type（浸渍时间15秒）、mild type（浸渍时间30秒）、冰咖啡（浸渍时间50秒），如何萃取才能同时提供3杯不同类型的咖啡呢？

准备下壶，2个注入160mL，1个注入110mL的热水，热水煮沸过程中分别量好咖啡豆，研磨后分别倒入上壶中。热水煮沸后先插入用于萃取冰咖啡、浸渍时间需要长一点的上壶。

热水上升后，将火力调弱一点，完成第一次搅拌，设定浸渍时间，然后在浸渍的时候插入用于萃取温润特调（mild blend）咖啡的上壶，热水上升后将火力调弱一点，再完成搅拌。紧接着插入用于萃取浓郁特调（strong blend）咖啡的上壶，热水上升后搅拌。搅拌后留意时间，率先完成第一次搅拌的冰咖啡必须在此时进行第二次搅拌，然后依序完成其他装置的第二次搅拌，即可同时提供3杯"现萃取"咖啡。

同时提供3杯相同类型咖啡的萃取情况

三人同行的客人同时点用3杯相同类型的特调咖啡时，不能看到下壶内热水煮沸就同时插入上壶，必须错开实际插入上壶的时间。计算好三个上壶的插入时间，尽量在完成第一次搅拌后，下一个虹吸装置的热水正好吸入上壶中。如果同时插入三个上壶，搅拌第一个上壶时，另外两个虹吸装置的热水也吸入上壶，就无法萃取出相同浓醇的咖啡味道。三位客人同时点用3杯相同类型的咖啡时，使用三个可萃取1人份咖啡的虹吸壶，操作效率远胜于同时使用一个2人份和一个1人份的虹吸壶。

SYPHON TECHNIQUES by
虹吸萃取技巧
YASUTAKA IWAO
巖康孝

GAS HEATER
燃气加热器

萃取理论

巖先生说："因为我曾在老家开的咖啡店里使用过虹吸装置，所以对虹吸萃取方式非常熟悉，实际使用后更发现，这种方式与自己的感觉非常契合。"是的，调节火力或搅拌等动作、使用两种以上咖啡豆、同时萃取两杯以上咖啡，以及萃取过程中的速度感等，需要亲手掌控萃取的要素非常多，这是让他继续采用虹吸萃取方式的理由。此外，浸渍与虹吸过程中可充分运用空档处理其他工作，可以提高咖啡店里的萃取效率。

虹吸装置萃取出来的纯净度等美好的味道也是吸引巖先生之处。"我曾经很努力地想萃取出近似滴漏式萃取出来的咖啡味道，可惜因萃取过度而失去了纯净口感，不过，当时的经验让我发现了虹吸萃取方式的优点"，从而更加积极地追求能凸显出虹吸式咖啡特色的好滋味，成功地拓展了咖啡相关认知范畴，为客人们提供了更多的选项，并找到了自己该努力的方向。

巖先生认为，必须将"工具即手足"的感觉善加利用，具备随时都能掌控味道的专业素养，才能排除无法维持一贯水准的情形，达到自己设定的味道标准。因此他不断地设法排除萃取过程中的不确定因素，深入思考每个动作的操作理由，通过咖啡店内的工作，积极地提升技术水准。

巖先生说："目前趋势的确是理论超越了实践，事实上，必须具备某种程度的自由发挥才能表现出咖啡店的独特味道。不断努力，一定能找到适合自己依循的标准。"以客人们追求的味道为本，从端出一杯咖啡追溯至咖啡的萃取过程，在条件随时会改变的情况下，为了制作出一杯经典的咖啡，有时候连搅拌强度或研磨粗细度都要进行细微的变化。

虹吸萃取技巧（燃气加热器）

　　这次介绍的做法只是技术上的一小部分，重点为积极拓展技术领域，以"这么做就会出现这种结果"的感觉，更深入地了解原料。"和一般理论或许不一样，不过，通过与客人们的交流，亲自验证后制作出来的味道就是自己最强有力的支持"，要在自己依循的准则中坚守本分，全心全意地投入，以端出最美味的咖啡。

　　这是一项必须具备专业素养、水平稳定的工作，处理过程越简单，越能感受出其中的差异，越容易因细微差异而对整杯咖啡造成重大影响。没有绝对完美的味道，只能尽力地维持一贯水准提供近似完美的味道，并要持续地提升精确度。更重要的是诚如巖先生所言："这是一项没有人喝就失去意义，不是自己满意就够，必须得到客人们的肯定才算大功告成的工作。"必须怀着"谁会觉得这是一杯好喝的咖啡呢？"的关怀心情，努力提升技术并确立标准才有意义。

准备

下壶注入 160mL 热水，准备 16g 中细研磨的咖啡粉，上壶先斜插入下壶。

下壶表面附着水滴时易导致龟裂或破裂，所以加热前必须擦干水分。

◎热水 1 人份 160mL ◎咖啡粉 16g ◎下壶 ◎确认过滤装置的位置

重点

上壶和过滤装置边缘如果出现空隙，热水吸入上壶时，易因气泡溢出而出现自然搅拌的情况。

虹吸萃取技巧（燃气加热器）

煮沸

◎加热用火力　　◎萃取用火力

用主火（main burner）煮沸下壶内热水后，静待壶内沸腾状态静止下来。下壶底部出现接连不断往上冒的气泡，就是可稳定萃取的基本状态。

◎火力

重点

萃取之际常燃小火（pilot burner），即火苗顶端接触到下壶底部。设有2个加热管道是为区分加热用和萃取用火力。

059

插入上壶

调节火力,维持下壶内热水沸腾的状态,然后垂直插入上壶。轻轻地摇动上壶让咖啡粉更均匀。

重点

实际插入上壶前,促使下壶内热水呈旋转状态,是为让热水更顺畅地吸入上壶。避开气泡吸引热水,即可防止突沸现象的发生,让热水更顺畅地往上吸。

虹吸萃取技巧（燃气加热器）

开始萃取

重点

下壶内热水吸入上壶时，火力调节得宜，就会呈现出咖啡粉慢慢升高的状态。重点为掌控热水往上升的情形，把握第一次搅拌的时机。

◎ 热水上升过程

　　火力调节得宜，下壶内压力稳定，咖啡粉就会随着热水往上升而不会被冲散。火力太强时，咖啡粉易因下壶内压力而被冲散，导致萃取不均。

第一次搅拌

重点

热水完全吸入上壶约需10秒钟,掌握咖啡粉开始上升的时机,适时搅拌即可避免咖啡粉的底部和表面接触热水时出现"时间差"。

虹吸萃取技巧（燃气加热器）

以手持部位为支点，执搅拌棒画椭圆形。

前侧　　近身侧

重点

避免对咖啡粉造成太大压力，边慢慢地描画椭圆，边前后搅拌 5 或 6 次，将咖啡粉均匀地溶入热水中。

◎搅拌棒的插入深度

像拿笔似的拿起搅拌棒，避免端部碰触到过滤装置，以几乎碰触到底部的深度插入上壶中，再以指尖为支点，前后拨动，将力道控制在最低限度，专注、均匀、顺畅地搅拌。

重点

完成第一次搅拌后,上壶内会呈现泡沫、咖啡粉、咖啡液形成的三层结构。火力调节得当就会继续维持层状结构,30秒后即可萃取出咖啡成分。

— 泡沫
— 咖啡粉
— 咖啡液

第一次搅拌的目的

与使用滤纸采用滴漏蒸煮萃取方式时一样,最重要的流程为注入热水,最大的处理要点为必须在短时间内迅速地搅拌,将咖啡粉溶入热水中,有效地萃取出咖啡成分。

虹吸萃取技巧（燃气加热器）

浸渍

适度调节火力，稳定下壶内压力，才能确保上壶内的层状结构，稳定地完成浸渍流程。火力太强时易形成对流而引发自然搅拌，造成过度萃取。

第二次搅拌

浸渍后熄火,同时进行第二次搅拌。轻轻地搅拌 3~5 次,迅速释放出咖啡豆产生的气体,更顺利地过滤出咖啡成分。

虹吸萃取技巧（燃气加热器）

◎熄火

重点

熄火的瞬间进行搅拌，计算咖啡液回吸入下壶的时间，掌握第二次搅拌的绝佳时机。搅拌过度易释放出杂味，不能掉以轻心。

第二次搅拌的目的

主要目的为释放出咖啡豆产生的气体，将咖啡成分溶入热水中，让咖啡液完全吸回下壶中。促使细咖啡粉伴随气体浮在水面上，以便更顺畅地过滤咖啡液。

Vacuum（吸引）

重点

萃取出虹吸式咖啡独特味道的最后一个程序就是吸引。最佳状况为咖啡液迅速穿过泡沫吸回下壶。下壶内压力越低，吸引力道越弱；压力越大，吸引力道越强。

虹吸萃取技巧（燃气加热器）

重点

萃取咖啡液后吸回下壶中，留在过滤装置上的咖啡粉表面浮起一层白色的泡沫，咖啡粉堆积成小山丘状为最佳萃取状态（小山丘的高度因咖啡豆状态而不同）。

将咖啡液注入杯中

完成萃取流程后,将咖啡液注入咖啡杯前,转动下壶让热水过滤得更干净,以萃取出相同浓度的咖啡液。

移走上壶,将咖啡液注入事先隔水加热的咖啡杯中,萃取出125~130mL的咖啡液,工具使用后分别清洗干净。

清洗

※ 设置虹吸式咖啡专用清洗台

◎ **过滤装置**　用过滤装置专用刷具刷洗表面和侧面,连背面都必须仔细地刷洗干净。清洗后吊挂起来,以免附着清洁剂泡沫。

◎ **上壶**　用上壶专用海绵擦洗内侧的油脂成分,再将外侧清洗干净。确认中心位置后装入过滤装置。

虹吸萃取技巧（燃气加热器）

完成虹吸式咖啡浸渍流程和第二次搅拌后，进行至咖啡液回吸入下壶等步骤。

用虹吸装置萃取咖啡液后，停止意式浓缩咖啡的萃取，将牛奶处理成奶泡后注入杯中。

利用虹吸装置萃取咖啡液后，先注入事先温热的咖啡杯中，再连同先前萃取的拿铁或卡布奇诺一起端上桌。

SYPHON TALK
Yasutaka Iwao × Tsuyoshi Kira

虹吸萃取技巧（燃气加热器）

完成虹吸式咖啡浸渍流程和第二次搅拌后，进行至咖啡液回吸入下壶等步骤。

用虹吸装置萃取咖啡液后，停止意式浓缩咖啡的萃取，将牛奶处理成奶泡后注入杯中。

利用虹吸装置萃取咖啡液后，先注入事先温热的咖啡杯中，再连同先前萃取的拿铁或卡布奇诺一起端上桌。

079

虹吸萃取技巧（燃气加热器）

工具

◎ 竹制搅拌棒

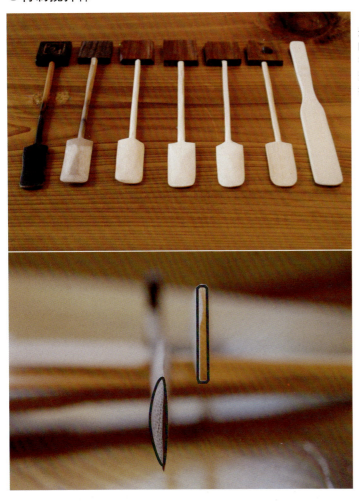

将柄部削细，制作造型独特的竹制搅拌棒。断面的一侧为平面，一侧有弧度，这是模仿船桨的形状，是为了更顺畅地搅拌。

◎ 汤匙

◎ 钢杯

虹吸萃取原理
应用篇
冰咖啡

虹吸式冰咖啡的最大魅力在于后韵和香气令人回味无穷。由于要用冰块稀释咖啡浓度,所以萃取时浓度要加倍。

萃取咖啡前就要备妥装满冰块的玻璃制咖啡壶和咖啡杯。

冲煮 1 杯份冰咖啡时,准备平时的 1.5 倍(约 24g)咖啡粉,以便萃取出冰块溶解后味道也不会变淡的咖啡液。

1

下壶内的热水煮沸后调节火力,沸腾状态静止后插入上壶。冲煮 1 杯份的咖啡液通常需要 160mL 的热水量。

虹吸萃取技巧（燃气加热器）

相对于热水，咖啡粉比例越高，越能均匀地接触热水，第一次的搅拌必须比平常更用力。

浸渍时间通常为30秒，萃取冰咖啡时必须拉长时间，热水上升后浸渍1分钟，慢慢地萃取出咖啡成分。

重点

加倍使用咖啡粉，搅拌后恢复静止状态时，热水层和咖啡粉层的大致高度比例为1：2。

第二次搅拌时也要用力地将咖啡粉搅拌入热水中，完成后急速冷却，味道就会变淡，时间越久，含水量越多，因此，此时有点过度萃取也没关系。

将萃取出来的咖啡液注入咖啡壶中，先大致冷却一下。

提起咖啡壶，将大致冷却的萃取液注入玻璃杯中，一杯充满虹吸萃取特色、散发清新香味和纯净口感的冰咖啡就完成了。

虹吸萃取原理
应用篇
咖啡欧蕾

为了避免萃取出风味平淡、苦涩味明显的咖啡液，倒入牛奶是最好的解决办法。重点在于牛奶与咖啡的比例。调整浓度和质感，淋漓尽致地萃取出咖啡味道。

由于最后阶段要添加牛奶，萃取 1 杯份咖啡时，下壶中注入 100mL（图片右）热水就可以了。左图为平常用于萃取 1 杯份咖啡的 160mL 热水量。

下壶内的热水煮沸后调节火力，热水恢复静止状态后插入上壶。准备 16g 咖啡粉，用于萃取 1 杯份咖啡。研磨粗细度与热咖啡一样。

虹吸萃取技巧（燃气加热器）

3

第一次搅拌后设定浸渍时间，与冲煮热咖啡时一样，大约 30 秒，可延长 15 秒左右以便更充分地萃取出咖啡成分，但需避免浸渍时间过长导致后味太重。

4

趁虹吸式咖啡浸渍时，将牛奶倒入牛奶壶中，利用意式浓缩咖啡机的蒸汽喷嘴加热至 65℃左右。

5

萃取后将咖啡液注入用隔水加热等方式事先温热的咖啡杯中，最佳状况为萃取出 60~70mL 的咖啡液。

6

将牛奶注入杯中，分量同咖啡液。与卡布奇诺、拿铁不一样，牛奶的温度较高，因此容易烫伤，而且要避免倒入牛奶的泡沫。

虹吸萃取原理 应用篇
使用小型虹吸萃取装置

如同使用燃气加热器的虹吸萃取装置，冲煮 1 杯份咖啡的热水量为 150~160mL，准备 16g 中细研磨的咖啡粉。酒精灯的火力比较弱，可以将事先煮沸的热水注入下壶中。

重点

调整酒精灯的火力，以火苗端部接触下壶底部时微微散开为大致标准。热水的沸腾状态静止下来后再插入上壶。

虹吸萃取技巧（燃气加热器）

热水开始吸入上壶后进行第一次搅拌。上壶的形状为上窄下宽的大肚形，必须搅拌至上壶的边缘。

第一次搅拌后上壶内出现泡沫、咖啡粉、咖啡液形成的三层结构后静止下来。浸渍 30 秒后萃取出咖啡成分。

离火后进行第二次搅拌。火力太强时，也可以在热水上升约 15 秒后离火，利用余热萃取咖啡液。

萃取出的咖啡液为 120mL，以此为萃取量的大致标准。

虹吸式和意式浓缩咖啡萃取实况

可利用虹吸式咖啡萃取过程中的浸渍、吸引等流程的空档,进行拿铁或卡布奇诺咖啡的萃取,以下为相关实况的介绍。

◎ 实际注入方式

1. 利用虹吸装置将萃取流程完成至第一次搅拌,并进入至浸渍状态。

2. 浸渍30秒,这期间在滤杓(portafilter)中填入足量咖啡粉后卡入机器,并按下萃取意式浓缩咖啡的按钮。

虹吸式咖啡大师对谈实录
巌康孝×吉良刚

邂逅于比赛会场

巌先生（以下简称巌）：我们应该是在咖啡大师（Barista Championship）比赛会场认识的对吧？

吉良先生（以下简称吉）：没有记错的话，应该是2004年比赛的时候。

巌：我第二次参加比赛的时候，吉良先生是第一次对吧？

吉：我也是第二次，第一次在预赛的时候就败下阵来（笑）。

巌：我们是比赛之后才开始交谈的。

吉：比赛中个个紧绷着神经，比赛后自然地产生了"亲密战友"的情谊，交谈后很快便建立起深厚的感情。

巌：比赛期间完全处在战斗气氛中，哪有心情交谈呀（笑）！我是因为2001年的冠军头衔而成了众人关注的焦点。那次比赛的预赛阶段，我和吉良先生同分，以并列分组冠军成绩进入总决赛。

吉：总之，总决赛时我是抱着学习的心态，奋力拼搏后得了第三名，更因为当时的激励而痛下决心好好地练习。我听说巌先生曾在饭店服务过，因此决定以您的工具用法、配置，乃至服装为参考对象，却发现每个部分都有很大的努力空间。后来针对"是否要投入咖啡店延伸的比赛活动"问题，重新做了慎重的思考后，终于意识到自己的工作必须随时处在"众人视线中"的道理。隔年比赛得到冠军时，巌先生已经贵为评审了（笑）。

巌：因为我心里有数，不可能有第三次机会啦（笑）。

吉：当时规定必须在11分钟内同时提供4杯咖啡，老实说这非常缺乏服务品质，必须冷静沉着地应战。现在，女性参赛者越来越多，包括餐桌摆设在内的比赛主题性越来越强，或许也是原因之一吧！

巌：当时的比赛时间的确不够，目前，比赛时间已经加长。我认为，当时参加的是一场与时间赛跑的比赛，情非得已，连说明部分都受到限制。

吉：总之，那一年的磨炼让我扎下了非常深厚的根基，之后，"年轻咖啡师们都在看，必须随时意识到这件事情"的话就经常挂在我的嘴边。靠花招参加比赛绝对无法获胜，必须拿出日常工作中累积的真本事才可能脱颖而出。一旦站上吧台就不容许有半点的疏忽，必须将所作所为铭记于心，脑子里只想着咖啡的事情也不行，包括吧台工作的相关知识或其他领域都得学习，必须不断地提升实力，否则无法调煮出美味可口的咖啡。

决定从事咖啡相关工作

吉：事实上，我并不是一开始就从事咖啡相关的工作，起初，我是在UCC直营餐厅的厨房里工作，经过四年的努力后才说出想调职咖啡相关工作的意愿，或许是自己经验不足吧（笑），请调事宜未被采纳，只好继续从事外场工作，直到2001年才终于有了调动的机会，因此，接触虹吸式萃取方式是近几年的事情。

巖：我家曾经开过咖啡店，对我的影响非常大，因为从中、小学时期起，一放学我就会坐在店里的吧台里，看着虹吸壶冲煮咖啡的情形，虽然只能喝点可可或咖啡欧蕾（笑），但是我比别人更有机会看到虹吸式咖啡的冲煮情形。只不过，当时我并不觉得那是一家"咖啡店"，一直认为那是"家业"，冲煮咖啡是稀松平常的事情，很自然地爱上了咖啡这个行业。

吉：日常生活中就能接触到咖啡，影响的确不容小觑。不过，我也不遑多让哦！我爷爷家开水果店，距离我们住的地方不远，父母经常带我到爷爷家玩或拜托照顾，因此，听"欢迎光临"这句招呼语基本是家常便饭。从事咖啡相关工作是因为自己对咖啡店老板非常憧憬，好像是这个理由吧！靠自己做的东西赚钱养活自己，应该是受到这种想法的影响。

巖：的确会受到影响，从事买卖行业的人哪坐得住呀（笑）！

吉：我啊！顶多待个十年（笑）。

巖：或多或少，难免有自我主张较强的部分，若以"自己的做法"为前提，在公司或组织中就会因为意见不合无法尽如人意而感到意兴阑珊。"制作"是一种需要发挥创意的工作，一旦受到束缚就很难完成。

吉：对每件事情都开始产生疑问后就无法继续待下去了。

巖：是的。若就此意义而言，也可以说是我父母开的咖啡店决定了我大学毕业后的努力方向，我选择以咖啡业为谋生出路，虽然只是一项非常不起眼的工作（笑）。

吉：真是难以想像对吧！因为，从事其他工作的话，充其量只能找到职员之类的工作。

巖：未必是那个因素，"想那么做""只能那么做"都是影响因素，实际原因我也不确定，可确定的是想要推广精品咖啡、意式浓缩咖啡、虹吸式咖啡都不只是因素之一而是绝对必要。必须选用好的素材，端出令人惊艳的饮品，就像厨师精心挑选食材一样，那是一流厨师的必要条件之一。

吉：我认为，好喝就好，我都是使用现磨的咖啡，当然，这是绝对必要的。

巖：是的，必须调煮出足以震撼五感的美味咖啡。

吉：说好听一点是没有憧憬，并不是很明确地"想要从事咖啡工作"而进入这个行业。

到底该重视品质，还是规模呢

巖：仔细想想，我唯一能做的只有咖啡相关的工作，希望提供最美好的味道，希望提供的大家都会喜欢，只有这个小小心愿，问题是这个心愿不能拿来当买卖赚钱。品质和规模是非常难抉择的问题。

吉：只有喜欢才可能把这件事情做好，有努力就有收获。不过，这是一件辛苦程度超乎想像的工作，最困难的是必须处在实现梦想和咖啡店长期经营的夹缝中。每个人都有一个永远的主题，那我呢？最令我感到困扰的是需要托付他人的事情却无法托付他人。例如，客人专程前来喝我调煮的咖啡，我到底该不该把调煮咖啡的工作交给别人去做呢？然而，凡事都亲自动手，又分身乏术，甚至可能都做不好。既然是自己决定创业，又有推广品牌的决心，当然不想本末倒置地去完成，想到这一点时，让我最在意的就是品质。崴先生最了不起的是五年来都是亲手制作咖啡，那种辛苦绝非三言两语所能形容，身边存在这样的朋友对自己是非常大的激励。

崴：全力以赴，别无他法（笑）。

吉：喜欢这项工作，这种想法永远不会改变，因此对于品质和规模在我心目中孰轻孰重的问题，我回答不出来，因为自己对咖啡工作兴趣盎然，和客人们互动交谈时更是乐在其中，表面看来大同小异，事实

上,每天都有微妙的变化。每天的变化就是我继续从事这项工作的原因之一。一成不变的事情我不会,因此非常尊敬能坚持下去的人。

巌: 吉良先生最尊敬的人不是足球选手吗?

吉: 是的,直到现在我都很想像 KING KAZU(日本足球选手三浦知良的昵称)那样(笑),能永远站在工作岗位上。即使一天只能做两三次,还是希望能永远站在吧台前,继续冲煮着咖啡,诚如俗语所言,"机会一定是给怀着坚定信念,永不放弃地往前奔跑的人",想做的事情非常多,不过,咖啡工作我是绝对不会放弃的,这个决心非常坚定。

巌: 具备专业意识,即使同行业的还是有值得我们学习的人,更别提其他行业的了;无论运动员、艺术家还是音乐家,具备专业意识的人想法与一般人就是不一样。他们会的我都不会,因此对他们总是敬佩得不得了。

吉: 敬佩他们的冷静沉着对吧?

巌：一看到他们，就会对自己的散漫而感到自惭形秽，觉得自己应该可以做得更好，因此经常因为过于专注而听到"巌先生冲煮咖啡时的表情好可怕哦！"的议论（笑）。

眼睛看不到的技术

巌：可是，真的想要调煮出美味咖啡的话，一定会全神贯注，才能冲煮出"嗯，味道不错"的水准。一般人泡咖啡不会想那么多吧！有点变态对吧（笑）？别人很难理解，一定会怀着"泡杯咖啡需要那样吗？"的想法。不过，我终究是一个冠军得主，这也是因素之一。就萃取咖啡而言，还是有一些感觉未必是一般人所能理解的。搅拌时，从搅拌棒传到手指上的微妙压力变化等感觉都会影响咖啡的味道，而那种感觉也只能意会而无法言传。

吉：学校的教学机会越来越多，自己却觉得越来越不明白。当然，无法100%地传授，只能传达十之八九，拼命地传达，充其量也只能传达90%，剩余的10%只能凭感觉。最近总算累积了一些咖啡冲煮经验，终于发现"自己没感觉就找不到"的道理。

巌：运动选手也一样，不管听多少技术理论的相关解说，还是很难用身体重现该动作，只能靠自己的感觉去揣摩。别人七手八脚地指导挥棒，一到了比赛还是打不出好球。

吉：足球的运球也一样，球传到自己跟前时，感觉完全不一样，因此，咖啡同样有"因为已经变好喝了嘛！"的领域。

巌：运动可确切地看到实力或结果，而冲煮咖啡时即使加入了各种构想或技术，一句"不好喝"，所有的努力都将付诸东流。

吉：咖啡是嗜好品，这一点让我比较害怕。

巌：最困难的是没有绝对正确的答案。打击姿势漂不漂亮没关系，安打就是安打；偶然间踢进球门，得一分就是一分，冲煮咖啡则不一样，即使自己认为完美无缺，结果都需要他人来评判，最难拿捏的就是这一点，不管你怎么说，最后的评判依据完全取决于味道好不好。不过，这一点也是让我觉得最有趣之处。

吉：咖啡并非可以客观看待的东西，难就难在冲煮出来的咖啡无法用评分来评判好坏。

巌：的确，咖啡大师比赛中如果不是冲煮出特别难喝的味道，多少都能得到一些技术方面的分数，都有机会得奖，到店里来享用咖啡的客人则未必如此。得冠军的确不容易，而制作出好喝的咖啡吸引客人到店里来消费更是难上加难。重点在于合不合客人们的口味，必须针对客人们的需求端出美味的咖啡才行，而且不只是一天哦！每天必须以维持一贯水准为前提，深入思考咖啡味道如何重现。

吉："今天真不想开店"，有时候难免会出现这样的心情（笑）。

巌：一开始就知道那是不可能的任务，怀疑自己能不能每次端出相同味道的咖啡，不过，为了提升原本为零的重现性，还是不断地挑战自我。

虹吸式咖啡大师对谈实录
巌康孝 × 吉良刚

虹吸式咖啡大师对谈实录
严康孝 × 吉良刚

萃取咖啡没有规则

吉：起初，味道并不稳定，费尽了千辛万苦才验证出自己的操作方式对咖啡味道产生什么样的作用，找出为什么无法维持一贯水准的理论依据。最大问题在于搅拌和热水的温度，"沸腾"说起来很简单，事实上温度并不一样对吧？热水煮得咕噜咕噜地直冒泡叫做沸腾，水面完全静止下来也叫做沸腾。冲泡出来的咖啡味道因沸腾程度和搅拌的力度而大不相同，必须找出最好的处理方式。搅拌为最直接接触咖啡的处理程序，对咖啡的味道有绝对影响作用，需要一些时间才能找到自己最满意的做法。有能力为客人们说明，安心感就会油然而生。客人问道"为什么会变成这样呢？"的问题时，当然不能回答"从别人那里听来的"吧！除了阅读教科书外，还必须自己动手试试看，了解作用为什么发生、如何发生。必须历经一段艰辛过程才能抬头挺胸，非常有自信地对客人说"我正在做…"。我最喜欢追根究底的过程，总是乐在其中，相对地，也是令我感到最烦恼的时期。咖啡在味道上或许没有变化，不过，能找到依据向客人们说明，自己就会变得更有自信，就会有更进一步的成长、改变。

巌：基本上，"搅拌"并无规则可依，重点在于技术上的掌控。"我真的会调节了吗？"难免有人会担心吧！重点不在于咖啡，而在于有没有上进之心，没有欲望的话，什么事情都办不成。"我这样就够了"，一旦出现这样的念头，成长的脚步就会停顿下来，无法迈向终点。达到某种程度后还是会出现"这样好吗？"的念头，心里觉得还有不足之处，这样才会努力地去追求。

吉：最初，听到"请向逆时针方向搅拌"时立即出现"为什么？"的念头，产生"难道不能向另一个方向搅拌吗？"的想法才对。马上出现"为什么？"，就不会轻易地应声"是"后照着做。当时，我就出现了这个念头。

巌：搅拌方向？这种事情我从来没想过，基本上，我会选择自己觉得最顺手的搅拌方式，因为我根本不懂那些规则（笑）。从事服务业的人的确有必须遵守的规则，那是另外一回事，顺时针搅拌如果能搅拌出更美好的味道，那我一定会照着做，问题是根本没那么一回事。

吉：我即使已经在学校里教书，还是经常出现学习后照单全收，完全没有产生疑问的情形。这本书只是一本操作手册，阅读后坚信不疑绝对行不通，可以当做某种程度的参考，督促自己不断地往前迈进。教科书上的知识必须亲自体验后才能照做，必须自己动手试试才知道往哪个方向搅拌才能冲煮出最美味的咖啡。过去，我甚至听过"因为住在北半球，所以…"的说法（笑）。听到"往地球自转相反方向搅拌，热水才会慢慢地吸回下壶中"时，因为我不知道"慢慢地吸回到底有什么好处？"而无法开口反驳。出现这种情形时不妨自己想办法找出最能说服别人的理由。

巌：就"验证"观点而言，我认为咖啡大师竞赛正是自我认知咖啡调制能力的绝佳时机，必须在规定时间内同时端出好几杯味道均一的咖啡，拟定这条规定的主要原因，如果没有在处理过程中就决定规则、经过计算，就无法冲煮出一杯杯品质相同的咖啡。最容易出现的问题是冲煮出来的咖啡量不一样，其次为咖啡浓度不一样。从一开始的咖啡粉或热水的计量上就不够周全，当然无法冲煮出相同分量、相同浓度的咖啡。想要冲煮出相同品质的咖啡，连搅拌强度或程度都必须一致。

　　要端出一杯充满美感的咖啡不困难，最重要的是那杯咖啡好不好喝。除非是比赛场合，否则不会苛求两方面都必须处理得很协调。每天冲煮一杯咖啡，一天冲煮4、5次的确能锻炼出技巧，问题是材料费用非同小可，还必须突破各种限制。既然要投入比赛，当然得付出各种代价，必须积极寻求各种场合，才有展示实力和一较高下的机会。

不必在意别人的技术吗？

吉：选择虹吸式咖啡的原因之一为味道范围比较广，即使使用相同的咖啡豆，巖先生的方法非常独到，我也有我的方法。既不必挑选咖啡豆，还可适应宽广的焙煎程度，更可从萃取时间或研磨粗细度方面下功夫。用相同的咖啡豆呈现出不同的咖啡风味，我是因为这个原因而认为范围非常广。我这么说并不表示我们的技术全然没有相同之处。

巖：基本上，对于别人的做法，我既不了解也不干涉。听到别人的说法后我总是恍然大悟，原来别人都是这么做呀！不过，具体的做法我还是了解。

吉：这么说来，彼此之间并未谈论过虹吸式咖啡技术上的话题！亲眼目睹时，某些部分的确有过"原来是这么做呀！"的感觉，却未曾提过虹吸式咖啡的话题。

巖：我经常光顾餐厅、蛋糕店或面包店，但很少走进咖啡店。相对地，当吉良先生到我家时，即使冲煮咖啡款待他，我也不会特别在意，认为没有必要特别去修饰。任何人都一样，都是以平常心看待，不会特别做出不一样的举动。因为我认为，那个时候绝对不会冲煮出特别美味的咖啡，"原来是这个味道啊"，对方喝后有这种想法就够了。

吉：要看的话，我首先会看器具的配置和虹吸式咖啡调理台是否干净。看到胡乱配置或不干净，就会觉得对方缺乏"生财器具"意识。诚如菜刀对厨师的重要性，对我而言，虹吸萃取装置是非常重要的器具，当然必须清理得很干净。其次为操作上的使用，还有磨豆机和热水的配置情形。操作动作流畅、无阻碍即可证明配置得当。冲煮结果象征着咖啡店的独特味道，我不会评头论足，只会表示喜欢或不喜欢。我也是以这种方式端出咖啡。

巖：某位料理评论家就曾说过，好厨师的标准在于"吃遍四方"，必须尝过各种味道，对这个说法我颇有同感，认为咖啡店负责人也必须喝遍四方。

吉：确实需要。

巖：同行设店自有他们的理念、商品创意或灵感，咖啡味道因地区或店家而不同，基本做法并没有什么不一样。我自己做的就非常的普通。

虹吸式咖啡大师对谈实录
巌康孝 × 吉良刚

虹吸式咖啡的好球带

巖：实际去看时才发现，虹吸式咖啡店非常少对吧？（笑）

吉：的确少得可怜（笑）。

巖：虹吸式咖啡店陆续开张，增加期间不会投入。反而是世代经营的咖啡店顺应时代潮流而持续发展、博得认同，所以，感觉起来咖啡店数量并未增加，基本上，应该是已经濒临绝种的行业。一度为世人们遗忘的行业，该立场丝毫没有改变。不过，毕竟是业务导向，因此，只有咖啡店或咖啡厅才能喝到虹吸式咖啡的特征非常鲜明，美中不足的是尚未掌握到咖啡味道萃取要领的情形极为常见，还没有找到"虹吸式咖啡是这种味道哦！"的好球带，还不明白虹吸方式能不能萃取出自己想要的味道。以滴漏式萃取为例，因咖啡味道实在很深奥，所以，利用该方式无法萃取出温润顺口的美味咖啡。萃取时间和温度之差异中明显涵盖属于其他层次，俗称"吸引"的要素，因此，如果不深入了解虹吸咖啡的独特味道，当然无法萃取出其中的精髓。最重要的是您想萃取出什么。

巖：由此可见，今年，从您开始从事意式浓缩咖啡，接着又挑战焙煎工作，您对咖啡又有更深一层的了解了！虽然只有短短的两个月。最主要的食材出现变化令人感到不安，不过，还好情况总算稳定下来了（笑）。

虹吸式咖啡大师对谈实录
巖康孝 × 吉良刚

巖：重点在于是否调煮出自己的独特味道，与流行无关。而生豆的选择、焙煎、混合、萃取、提供都必须与自己的观念相契合。重点在于如何调理素材的味道，制作出最美味的作品，而不是只谈论素材的味道。

吉：本店也是以中度焙煎为基本。本店是一家非常本土，咖啡文化非常深厚的咖啡店，因此不希望像冲煮美式咖啡一样用热水稀释咖啡液，都是直接冲煮出浓度适中的咖啡液。

巖：有能力提供可口美式咖啡的咖啡店非常少，因为业者总认为用热水稀释一下就行了，不愿意花太多心思去调理（笑）。事实上，口味清爽与味道寡淡不一样，感觉就像厨师在熬汤头。

吉：味道太淡就不能称为美式咖啡。美式咖啡必须要有味道且浓淡适中。我是怀着永不服输的坚定信念经营咖啡店，采用美式咖啡专用焙煎方式。

巖：因为咖啡既是嗜好品，同时也是料理项目之一。

吉：关于追求美好味道，我一直认为任何东西都必须达到"甘甜才美味"的目标，基本构想为如何引出甘甜味道。任何东西

都有甜味，汤头或肉品都能尝到甘甜滋味，这就是营造味道的基本概念。苦味因甘甜味道而成立，酸味中还是能尝出柑橘类的酸甜滋味。混合咖啡豆时也一样，必须思考如何留下甘甜味道。吃西瓜时加盐就是要引出其中的甜味。加热时必须慢慢地调节火力，与烹煮菜肴时一样，用光炉虹吸装置加热时也必须慢慢地调节火力，此方法还可应用于焙煎咖啡豆上。至于搅拌，应避免搅拌过度，温度也不能调太高，拿捏得当即可避免咖啡味道过度萃取的问题，因为使用虹吸方式很容易萃取出多余的味道。使用虹吸萃取方式并非为了引出咖啡味道，而是设法避免咖啡特有的甘甜味道流失。"嗯，很甜"，这就是我最喜欢听到的一句话。

采用虹吸萃取方式的另一个因素

吉：我是从料理界踏入咖啡的世界，因此对于如何加热食材烹煮出美味佳肴了如指掌，当然知道只靠热水和咖啡豆两样食材烹煮出一道好吃的菜有多么困难。我喜欢的应该是这种匠心独具的特质。深知自己无法成为一位帅气十足的咖啡调理师，心想至少得选择一些堪称咖啡职人的咖啡调煮方法吧！因此对于冲煮咖啡一点也不会感到厌烦。最棒的是那种自己动手，花时间、花功夫制作的感觉，或许是自己非常喜欢利用机械、花心思做东西的那种感觉吧。

巖：相较于滤纸滴漏法，虹吸萃取方式确实比较费功夫，而且，必须有依循的标准才能稳定地冲煮出相同的味道。"虹吸萃取方式最容易制定标准"，讲座中经常听到这句话，也是非常正确的说法，解说书籍中也可读到"先量好热水和咖啡粉"，至于能否稳定地冲煮出好味道则另当别论。这部分最麻烦，因为无法稳定冲煮出咖啡味道的话，大家就会敬而远之。

吉：找不到优点（笑）。

巖：因此，虹吸萃取方式能否普及，完全在于各店家或个人的判断，最重要的是必须坚持用虹吸装置萃取出好喝的咖啡。目前其他国家也非常广泛地采用虹吸萃取方式，希望这样的趋势能维持下去。虹吸装置并非追求效率的工具，期望使用情形能更加地落实。

吉：其他国家以安装金属制过滤装置的虹吸设备为大宗，感觉比较看重于操作效率等方面的便捷性。

巖：不锈钢材质的上壶也会越来越普遍，强调的是里面的情形看不看得到没关系。

吉：摔到地上不会破，所以越来越多人使用，或许也是因素之一。自动搅拌的机器也可考虑看看（笑），冲煮效率更高，可稳定地冲煮出相同味道的设备都值得考虑使用。

巖：感觉一定很不一样吧（笑）。

吉：目前的趋势应该是从其他国家进口到日本，可以看出虹吸式咖啡已经重新受到了重视。去年我刚参加过西雅图的咖啡巡展，发现已经有许多店家采用虹吸萃取装置，美国人的特质是喜新厌旧，不过反应非常快，因此，我认为提升虹吸式咖啡关心度的时机即将到来，而日本人的弱点是"外国流行就是好东西"。我们可是从很早以前就开始采用了，却没有人认为好（笑）。不过，一些想要从事咖啡工作的人说不定会因为这个关系而试试虹吸萃取方式呢。是好是坏另当别论，我认为，我们必须准备迎接这个时机的到来。

巖：虹吸装置确实是日本人独自发展、进化的萃取工具，我认为称它为日本独创工具也不为过,世界上再也找不到能在商业场合将虹吸装置运用得这么彻底的国家了。新加坡等国曾经出现过,亚洲各国中找不到第二个能持续使用虹吸装置的国家。

吉: 我想,只有日本以主要机种推出虹吸萃取装置。有些店家因为"虹吸装置是非常耗时费事的工具"等因素而另辟虹吸式咖啡区,除了日本,没有任何国家会以主要营业项目提供相关服务。因耗费时间而不采用,我认为这种说法实在太牵强(笑)。"来一杯虹吸咖啡喝喝吧!"我曾经请教过说这句话的人,得到的答案是,"我只想喝纯咖啡!"这还不能算是懂得喝虹吸咖啡哦!采用虹吸萃取方式的日本人在逐渐递减,我不否认使用虹吸装置确实比较费功夫,不过,还是觉得从事虹吸式咖啡工作非常有意义。

巌: 就这一点,建议深入了解,绝对不能轻易地就认定那是虹吸宿命。

吉: 当做附属工具无法使用得很纯熟,一天只萃取1、2次,很可能因为评价不好而导致工具被束之高阁。

巌: 采用虹吸装置的咖啡店必须扮演好餐饮店的角色,冲煮出最美味的咖啡、做好使用器具的维护保养工作,以便随时都能用最清洁光亮的虹吸装置为客人冲煮咖啡。吉良先生的店里不就是这么做的吗?客人甚至忍不住开口问道:"你们店里的虹吸壶都擦得这么晶亮吗?"(笑)。

吉: 偶而也会看到下壶煮得焦黑或附着一层白垢的情形(笑)。没有巌先生擦得那么晶亮。问题在于平常有没有擦。擦得晶亮自己看了也高兴,而且,我不希望虹吸咖啡在我们的时代终掉,希望下一个时代也能感受到虹吸式咖啡的魅力而传承下去。衷心期盼能找到脚踏实地、非常认真地想投入虹吸式咖啡工作的人。虹吸萃取的过程非常有趣,很容易引起孩子们的兴趣,再加上一两句解说,摆在吧台上更能博得客人们的欢心。虹吸萃取方式难免因匠心独具的特质而有令人难以接受的部分,不过,如果能成为令人憧憬的职业,或在孩子们的心中留下美好印象而促使孩子们立志从事这个行业,将是我选择这个职业的最大意义。虹吸咖啡消失的话我将会无比的感伤,希望有人能传承下去。

巌: 时代潮流无法违逆,不过虹吸萃取方式还是不断地进化着,比起十年前,已经博得更广泛的认同。2001年我荣获冠军头衔时,情形比现在差很多,当时市面上虽然能看到一些虹吸装置,杂志上还很少看到虹吸式咖啡的相关报道,报道的都是一些纯咖啡店、咖啡餐厅等非常传统的项目,做梦都没想过自己会出书、撰写虹吸式咖啡的相关书籍(笑)。一想到2005年以来咖啡行业突然变成目前这番景象,就更加激励自己勇往直前,我觉得情形已经开始朝着好的方向发展。

吉: 意式浓缩咖啡最令人羡慕之处为博得众多年轻朋友们的喜爱。不管是好是坏,最重要的是有更多人产生兴趣,有人真正地想投入这个行列。令人不解的是,花上60万日元(约人民币3万)就能买到设置三个光源加热炉的虹吸萃取装置的普及率,竟然比不上得花好几百万日元才能买到咖啡机的意式浓缩咖啡。

巌: 举办活动时不能带着虹吸萃取装置,原因是必须清洗、用途不广。意式浓缩咖啡机可用于制作各种饮料,虹吸咖啡机还能做什么呢?意思是虹吸咖啡设备的竞争力太弱,连店里都是搭配意式浓缩咖啡机。事实上,将虹吸萃取装置摆在店面上,就操作性能而言,意式浓缩咖啡机和虹吸装置的相容性绝佳。

吉: 搭配其他器具,陆续添购是一个好办

虹吸式咖啡大师对谈实录
巌康孝 × 吉良刚

法，重点是必须大幅增加点用时的选项。我认为采用虹吸装置好处多多，有些客人一开始只点用卡布奇诺之类的咖啡，看到虹吸萃取装置后都会好奇地问道："这是什么机器呢？"，对虹吸装置产生了兴趣，有些客人甚至提出"我可以点这个机器冲煮出来的咖啡吗？""我家也有光炉虹吸装置，也可以冲煮这种咖啡哦！"，话匣子就此打开，话题中总会聊到，"我回家后提到虹吸装置的事情，听说都收到仓库里去了。"最高兴的是其中不乏回答"我想再拿出来试试看"的客人，感觉像被人重新拿出来重用一般。做一件年轻人感到新鲜，年长的人感到怀念不已的事情，得到的反应是"时代真的很不一样了"。深深地感到这一代的年轻人正以崭新的观点看着局势发展，时机似乎已经成熟了。

巌： 只能尽力而为，有时候难免也会充满无力感。就经济观点而言，辞掉咖啡店工作是因为咖啡店无法继续经营，勉强撑下去无法继续端出虹吸式咖啡，认为必须转换跑道，另辟一个迎接客人的场所，绝对不能继续这么耗下去。而且，要开店的话，一定是开虹吸式咖啡店，必须是一个宽敞舒适，客人们可尽情地享受虹吸式咖啡乐趣的空间。

吉： 自己的工作必须由周边的人去评价，"不想失去"就是最坚强的后盾。巌先生在家时总是看着父母亲的背影，希望自己能成为最帅气体面的老人家，知道孩子们想效仿自己，父母亲一定会感到很欣慰，认为自己做对了一件事情，把事情做得很

虹吸式咖啡大师对谈实录
巖康孝 × 吉良刚

成功吧!

巖：我认为，能够达成设定目标就够了。"希望能像这家店一样"，手法或味道都能超越创新，以我们为目标的话，就不会变得太奇怪。

吉：虹吸式咖啡世界不乏年轻人投入，自从到学校任教以来，碰到不少立志独立开店的学生或退休后想从事咖啡相关工作的人，非常勇敢地选修、挑战虹吸式咖啡这门课而让我感到很欣慰。或许是因为自己喜欢而从事这个行业，希望得到别人认同的心理作祟吧！虹吸式咖啡日渐低迷令我感到很不服气，希望"虹吸式咖啡也非常好喝哦！"这句话能更广泛地被运用。

巖：虹吸式咖啡的优雅形象越来越提升，从事咖啡工作的那段期间，我也曾经采用过"立饮式虹吸式咖啡"和"意式浓缩咖啡"的组合陈列方式，积极地从事过崭新的尝试。因为年轻一代站上吧台更容易博得下一个时代的支持，有年轻人的参与更容易产生变化，因为俯瞰时就会发现业界确实在变化着。综观媒体方面的介绍或资讯，滴漏式咖啡并无多大改变，虹吸式咖啡的比例却已显著提升。

吉：重点是希望大家能试试，这是日本老祖宗留下来的智慧结晶，希望让更多人去接触，没用过当然不知道它的优点，对于咖啡师而言，多接触不同的萃取工具才能走出康庄大道。凡事不能过于偏颇，应该更广泛地接触，最好挑选困难度更高、更能表现自己的工具。

巖：虹吸式、滴漏式或意式浓缩咖啡都一样，重点是每一种都该尝试一下，竞争越激烈越能提升水准，越能燃起斗志，对吧？

吉：放马过来！是这种感觉吗!?（笑）

简况

Yasutaka Iwao
巌康孝

生于日本兵库县神户市，G-CUBE 有限公司代表取缔役（相当于董事长一职），曾在饭店等工作，2000 年起继承家业经营咖啡店，2001 年、2004 年参加日本咖啡师大赛（Japan Barista Championship），2005 年独立创业，设立并设咖啡店的 GREENS Coffee Roaster。2011 年起变更经营为咖啡豆销售专门店，2011 年成立"G-CUBE DESIGN"品牌设计公司。

获奖经历
2001 年　全日本咖啡大师竞赛冠军
2004 年　日本咖啡师大赛（虹吸式咖啡组）冠军

GREENS Coffee Roaster
（绿地咖啡）
邮编　　650-0065
地址　　日本兵库神户市中央区元町高架通 3-167
电话　　078-332-3115
店休日　星期二
营业时间　11：00~19：00

Tsuyoshi Kira

吉良刚

生于日本三重县桑名市，Cafe de Un Daniels（丹尼尔王国咖啡）负责人。1995 年任职于 UCC Food Service Systems 株式会社，曾派驻名古屋、京都、东京，历任店长、Block Manager 等职务。2007 年任职　番窑有限公司，设立 Cafe de UN。2011 年独立经营，开设 Cafe de UN Daniels。

获奖经历
2004 年　UFS Barista Contest（虹吸式咖啡组）冠军
　　　　　日本咖啡师大赛（虹吸式咖啡组）季军
2005 年　日本咖啡师大赛（虹吸式咖啡组）冠军
2008 年　2008 UCC Coffee Master（虹吸式咖啡组）冠军

目前不再参与比赛，具备 SCAJ 认证评审资格，从事世界杯虹吸式咖啡大赛评审工作。

Cafe de UN Daniels
（丹尼尔王国咖啡）
邮编　511-0065
地址　日本三重县桑名市大央町 49-6
电话　0594-23-7030
店休日　全年无休
营业时间　10：00~21：30（最后点餐时间 21：00）

图书在版编目（CIP）数据

冠军咖啡师虹吸式咖啡全示范 /（日）巌康孝，（日）吉良刚著；林丽秀译. -- 北京：光明日报出版社，2016.5
ISBN 978-7-5194-0204-4

Ⅰ. ①冠… Ⅱ. ①巌… ②吉… ③林… Ⅲ. ①咖啡-基本知识 Ⅳ. ①TS273

中国版本图书馆CIP数据核字(2016)第050270号

著作权登记号：01-2016-1748

SYPHON COFFEE PROFESSIONAL TECHNIQUES
© YASUTAKA IWAO & TSUYOSHI KIRA 2011
Originally published in Japan in 2011 by ASAHIYA SHUPPAN CO., LTD..
Chinese translation rights arranged through DAIKOUSHA INC., KAWAGOE.

冠军咖啡师虹吸式咖啡全示范

著　　者：（日）巌康孝（日）吉良刚	译　者：林丽秀
责任编辑：李　娟	策　划：多采文化
责任校对：于晓艳	装帧设计：杨兴艳
责任印制：曹　诤	

出版方：光明日报出版社
地　　址：北京市东城区珠市口东大街5号，100062
电　　话：010-67022197（咨询）　传　真：010-67078227，67078255
网　　址：http://book.gmw.cn
E-mail：gmcbs@gmw.cn　lijuan@gmw.cn
法律顾问：北京德恒律师事务所龚柳方律师

发行方：新经典发行有限公司
电　　话：010-62026811　　E-mail：duocaiwenhua2014@163.com

印　　刷：北京艺堂印刷有限公司
本书如有破损、缺页、装订错误，请与本社联系调换

开　　本：750×1080　1/16
字　　数：100千字　　　　　　　　　印　张：6.5
版　　次：2016年5月第1版　　　　　印　次：2016年5月第1次印刷
书　　号：ISBN 978-7-5194-0204-4

定　价：49.80元

版权所有　翻印必究